Le Procès de Galilée, d'après les manuscrits du Vatican

A. Mézières

Paris, 1876

Édition : BoD · Books on Demand, 31 avenue Saint-Rémy, 57600 Forbach, bod@bod.fr
Impression : Libri Plureos GmbH, Friedensallee 273, 22763 Hamburg (Allemagne)
ISBN : 978-2-3225-7111-6
Dépôt légal : Juin 2025

LE

PROCÈS DE GALILÉE

Il Processo originale di Galileo Galilei, pubblicato per la prima volta da
Domenico Berti,
Roma 1876.

Il est resté bien des points obscurs dans l'histoire du double procès de Galilée, dont jusqu'ici on ne connaissait qu'imparfaitement les détails. L'importante publication de M. Dominique Berti comble ces lacunes en mettant sous nos yeux un ensemble de documens authentiques tirés des archives secrètes du Vatican. Il ne s'agit point ici d'une œuvre de parti, entreprise dans un dessein de controverse religieuse ; il s'agit d'une œuvre d'histoire accomplie avec le soin scrupuleux qu'exigent aujourd'hui les recherches historiques. Déjà en France MM. Libri, Biot, Joseph Bertrand[1], Trouessart, Th. Henri Martin, avaient abordé la question, les deux premiers avec des opinions préconçues peu favorables à la découverte de la vérité, les autres avec un remarquable sentiment d'impartialité ; mais il leur manquait à tous des élémens essentiels d'information qui, grâce au travail de M. Dominique Berti, ne feront plus défaut désormais aux biographes futurs de Galilée. Si nous nous sommes laissés devancer par un Italien dans la publication des pièces d'un procès si fameux, nous devons nous en prendre à la négligence ou à la prudence du gouvernement français, car nous avons possédé pendant près d'un demi-siècle le précieux manuscrit dont M. Dominique Barti publie en ce moment le texte complet. Enlevé sous le premier empire aux archives du Vatican et transporté à Paris, ce recueil original y fut vu par l'historien Denina, qui le jugea sans importance. Napoléon Ier ordonna néanmoins qu'on le publiât en plaçant la traduction en regard du texte ; mais la publication, une fois commencée, ne fut pas continuée ; on n'en connut alors que le début, dont l'astronome Delambre donna communication à l'Italien Venturi. Au mois de décembre 1814, d'après le témoignage du duc de Blacas, la bibliothèque particulière du roi Louis XVIII avait reçu le dépôt du manuscrit tout entier, tel que le gouvernement impérial l'avait trouvé en Italie et fait apporter en France. Pendant les premières années de la restauration, d'actives négociations furent engagées par la cour de Rome auprès du gouvernement français pour obtenir la remise d'un ensemble de documens si importans. Sans refuser positivement ce qu'on lui demandait, la restauration gagna du temps et attendit. Ce ne fut qu'en 1846, après trente-deux ans de pourparlers, que le manuscrit reprit la route de Rome, grâce sans doute aux instances de Rossi, qui le présenta lui-même à Pie IX de la part du roi Louis-Philippe. Des mains du souverain pontife, il rentra, au mois de novembre 1848, dans les archives secrètes du Vatican, où il se trouve encore aujourd'hui.

Ce qu'on en connaissait avant le travail de M. Dominique Berti se borne à un choix de documens publiés à Rome en 1850 avec beaucoup de précautions par Mgr Marino Marini, jadis préfet des archives secrètes du saint-siège, et à une publication plus étendue, mais sur certains points inexacte, sur d'autres incomplète, qui fut faite à Paris en 1867 par M. Henri de l'Épinois. Ces deux écrivains se placent à un point de vue spécial ; ils paraissent plus occupés de justifier les juges qui ont condamné Galilée que d'exposer la vérité tout entière avec la liberté d'esprit de l'historien. On comprend alors pour quels motifs, ayant entre les mains le manuscrit tout entier, ils n'en ont publié qu'une partie. La cour de Rome crut-elle réellement que ces deux publications contenaient tous les documens relatifs au double procès de Galilée, ou pensa-t-elle que le moment était venu de ne plus rien cacher au public ? Toujours est-il que M. Dominique Berti, au mois de février 1870, obtint communication du manuscrit original et put le consulter, le copier même à loisir dans la chambre du père Theiner, officiellement autorisé à le lui communiquer. La publication actuelle ne se fait donc point par surprise ; si le saint-siège avait quelques motifs de la regretter, il ne pourrait du moins, ni en contester l'authenticité ni se plaindre qu'on ait agi sans son aveu.

I.

La piquante histoire des pérégrinations et de la destinée finale du manuscrit du Vatican n'est que la préface d'une histoire beaucoup plus importante, dont nous allons essayer de retracer les incidens, sans parti-pris, en ne nous attachant qu'à découvrir et à faire ressortir la vérité. Galilée, célèbre dès sa jeunesse par la beauté de ses découvertes et par l'éclat de son enseignement à l'université de Padoue, comblé d'honneurs à Venise et à Florence, admiré dans toute l'Italie, poursuivait le cours de ses grands travaux avec la hardiesse d'un homme assuré de sa force et de sa gloire, lorsque de légers symptômes l'avertirent sans doute qu'il ne lui serait pas inutile, pour la sécurité de ses recherches, de se concilier les bonnes grâces du sacré-collège. Il partit donc en 1611 pour la ville éternelle, sans inquiétudes avouées, mais avec l'ambition et l'espérance d'intéresser à ses découvertes les personnages les plus influens de la cour de Rome. Il arrivait au moment décisif de sa carrière, il n'avait pas encore été inquiété par les objections des théologiens ; mais en approfondissant ses études sur la constitution de l'univers il touchait à des questions délicates qu'il ne pouvait se flatter de traiter librement s'il n'obtenait d'avance la sympathie ou tout au moins la neutralité de l'église. La cour de Rome exerçait alors une telle autorité morale en Italie et particulièrement à Florence, où vivait Galilée, qu'on attendait en quelque sorte qu'elle se fût prononcée avant d'accepter les conclusions astronomiques les mieux établies. Le grand-duc de Toscane n'avait pu que s'applaudir de la découverte des satellites de Jupiter, annoncée dans le *Sidereus nuncius* ; il la croyait d'autant plus authentique, que les astres nouveaux venaient de recevoir le nom de sa famille, et cependant son propre secrétaire était obligé de convenir qu'elle ne serait acceptée par le consentement unanime du monde savant qu'après avoir été vérifiée et approuvée à Rome. Là siégeait, sous le nom de *Collège romain*, un véritable tribunal, à la fois scientifique et théologique, dont les arrêts faisaient loi dans les pays catholiques.

Galilée, qui avait infiniment d'esprit et un grand usage du monde, s'était ménagé d'avance à Rome les meilleures et les plus puissantes relations. Il y allait d'ailleurs en quelque sorte avec un caractère officiel, aux frais du grand-duc, et il y recevait l'hospitalité chez l'ambassadeur de Toscane. Les prélats, les cardinaux, les princes romains se disputèrent l'honneur d'offrir des fêtes et des banquets au plus glorieux représentant de la science italienne. Chez le cardinal Bandini, dans les beaux jardins du Quirinal, dans la villa du marquis Cesi, au sommet du Janicule, Galilée charmait une société d'élite en lui faisant contempler, par les pures soirées d'avril, la voûte céleste à travers la lunette qu'il venait d'inventer et qui porte son nom. Il excita un véritable enthousiasme le jour où, à la fin d'un repas, il braqua son télescope sur Saint-Jean de Latran, à trois milles de distance, et fit lire aux convives l'inscription gravée sur la façade de l'édifice.

Tous ceux qui assistaient aux observations astronomiques de Galilée, aux explications qu'il donnait sur le mouvement des quatre satellites de Jupiter, sur les inégalités de surface de la lune, sur les phases de Vénus et de Saturne, et aux discussions qu'il soutenait contre ses contradicteurs, n'étaient pas également convaincus par ses argumens. Sa doctrine impliquait la confirmation du système de Copernic et la démonstration du mouvement de la terre, non plus réservée aux mathématiciens seuls, mais mise à la portée de tous par une série d'expériences. Il y avait là une nouveauté de nature à inquiéter les théologiens. Un système qu'on avait pu considérer comme inoffensif tant qu'il restait à l'état d'hypothèse mathématique, utile aux savans pour leurs calculs, changeait de caractère dès qu'il se transformait en vérité physique, accessible aux sens et grosse de conséquences sur la pluralité des mondes et sur la fin de la création : aussi le triomphe apparent de Galilée cachait-il des périls dont son pénétrant esprit ne soupçonna point d'abord l'étendue. Pendant qu'il s'abandonnait peut-être avec trop de confiance à la joie du succès, et qu'il cédait trop facilement à la tentation habituelle chez lui de répondre aux objections par le sarcasme, l'autorité ecclésiastique commençait sans bruit une enquête sur l'orthodoxie de ses opinions. Sans le nommer, le cardinal Bellarmin, probablement au nom de ses collègues de l'inquisition, demandait aux membres du collège romain ce qu'il fallait penser des observations célestes que venait de faire un mathématicien distingué.

C'est là le premier symptôme que l'on ait pu découvrir de l'intervention de la théologie dans l'examen des opinions scientifiques de Galilée. La réponse du collège romain fut favorable à celui-ci ; mais à partir de ce moment l'éveil était donné, et l'inquisition ne le perdit plus de vue. Quoique le souverain pontife, auquel il fut présenté par l'ambassadeur de Toscane, l'eût accueilli avec beaucoup de courtoisie et ne lui eût pas permis de prononcer une seule parole à genoux, avant même qu'il eût quitté Rome, le tribunal du saint-office demandait au tribunal de Padoue si, dans le procès qu'on venait d'intenter à César Cremonini pour certaines hardiesses philosophiques, il ne se trouvait rien qui eût rapport à Galilée. Une attaque directe et personnelle, inspirée par un excès de zèle, suivit de près ces premiers soupçons. De retour à Florence, Galilée avait repris ses travaux dans l'aimable solitude de Beauregard, que lui ménageait la généreuse hospitalité du grand-duc ; il y recevait des amis et des disciples qui, au sortir de leurs entretiens, propageaient ses doctrines. Un dominicain, Thomas Caccini, en prit ombrage, et, prêchant à Sainte-Marie-Nouvelle sur le miracle de Josué, s'écria tout à coup au milieu de son sermon : *Viri Galilœi, quid statis aspicientes in cœlum* ? Ce moine avait sans doute entendu parler d'une conversation tenue à la cour, en présence de la grande-duchesse mère, Christine de Lorraine, et de l'archiduchesse Madeleine d'Autriche, où le père Castelli, élève de Galilée, avait essayé de montrer, à la grande satisfaction de ses auditeurs, qu'on pouvait croire au mouvement de la terre sans révoquer en doute l'authenticité du miracle de Josué. Sur ce sujet, Galilée écrivit à son disciple une lettre fameuse où il revendiquait nettement les droits de la science, en réservant tous ceux de la religion.

C'étaient, suivant lui, deux domaines séparés qu'il ne fallait pas confondre indiscrètement.

« L'Écriture sainte, disait-il, ne peut ni mentir ni errer, mais elle a besoin d'interprétation, car si l'on s'en tenait au sens littéral des mots, on y trouverait non-seulement des contradictions, mais des hérésies et des blasphèmes, puisqu'il serait nécessaire de donner à Dieu des pieds, des mains, des oreilles, de le supposer sujet aux mêmes passions que les hommes, à la colère, au repentir, à la haine, et, à d'autres momens, d'admettre en lui l'oubli du passé et l'ignorance de l'avenir... Puisque l'Écriture a constamment besoin d'interprétation pour expliquer que le vrai sens des mots est très différent de leur signification apparente, il me semble que dans les discussions scientifiques elle ne devrait être invoquée qu'en dernier lieu. En effet, l'Écriture sainte et la nature procèdent également du verbe divin, l'une étant la dictée, de l'esprit saint, et l'autre l'exécutrice des ordres de Dieu ; mais il convenait que dans les Écritures le langage s'accommodât à l'entendement du peuple, en beaucoup de choses où l'apparence est fort différente de la réalité. La nature au contraire est inexorable et immuable ; elle ne s'inquiète nullement que les raisons et les voies cachées par lesquelles elle opère soient mises ou non à la portée de l'intelligence des hommes, parce qu'elle ne franchit jamais la limite des lois qui lui sont imposées. Il semble donc que, quand il s'agit des effets naturels qu'une expérience sensible nous met devant les yeux, ou que nous concluons de démonstrations nécessaires, on ne peut en aucun sens les révoquer en doute par des passages de l'Écriture qui sont susceptibles de mille interprétations diverses, attendu que chaque parole de l'Écriture n'est pas astreinte à des obligations aussi sévères que chaque effet de la nature… Je crois donc qu'on ferait prudemment de ne permettre à personne d'employer les textes de l'Écriture sainte et de les obliger, en quelque sorte, à soutenir pour vraies certaines propositions de science naturelle dont le contraire, un jour venant, peut nous être démontré par les sens ou par quelques raisonnemens mathématiques. »

Cette noble lettre dont les théologiens d'aujourd'hui ne méconnaîtraient point la modération, mais d'où s'exhalait alors un dangereux parfum de nouveauté, passa sans doute de mains en mains, fut lue par des personnes mal disposées, entretint peut-être l'agitation qu'avait causée la sortie véhémente de Thomas Caccini, et fournit à un autre dominicain, Nicolas Lorini, l'occasion de dénoncer Galilée devant la congrégation du saint-office. Il y avait là, disait le dénonciateur, des propositions qui paraissaient suspectes et téméraires, des opinions contraires au texte des saintes Écritures. D'ailleurs, ajoutait-il, Galilée et ses disciples parlaient peu favorablement des Pères de l'église, de saint Thomas d'Aquin, d'Aristote, dont la philosophie avait rendu tant de services à la théologie scolastique. L'inquisition, malgré ses recherches, ne put se procurer l'original de la lettre, que Castelli avait rendue à son maître, et dont celui-ci, par prudence, ne voulut plus se dessaisir. On se contenta d'examiner la copie envoyée par Lorini ; on y trouva quelques phrases mal sonnantes, mais rien en somme qui fût décidément contraire au langage de l'église. On continuait néanmoins à surveiller les paroles de Galilée, on interrogeait deux ecclésiastiques toscans sur les discours qu'il avait pu tenir devant eux, on soumettait à l'examen les lettres qu'il avait publiées sur l'observation des taches du soleil.

Galilée, quoiqu'il ne se doutât point de la surveillance rigoureuse dont il était l'objet de la part de l'inquisition, soupçonnait vaguement l'approche d'un péril. Pour le conjurer, il prit le parti de retourner à Rome en 1615 et de plaider lui-même sa cause là où il lui importait le plus de la gagner. On a quelquefois prétendu qu'il avait été mandé à la barre du saint-office ; ceux qui soutiennent cette opinion se trompent de date, ce ne fut que beaucoup plus tard, au commencement de son second procès, qu'on lui intima l'ordre de se rendre à Rome. Cette fois il s'y rendait volontairement, non plus avec la confiance intrépide du premier voyage, mais avec l'espoir très vif encore de désarmer ses adversaires par la netteté de ses explications. Peut-être comptait-il autant pour les convaincre sur la grâce piquante de son esprit et sur la séduction personnelle qu'il exerçait, partout autour de lui, que sur la force de ses argumens.

Il avait d'ailleurs préparé le terrain avec plus de précautions encore qu'en 1611, réchauffé par des lettres pressantes le zèle de ses amis, et obtenu pour la seconde fois toutes les marques extérieures de la protection officielle du grand-duc de Toscane. Comme il l'avait déjà fait, il descendit au palais de l'ambassadeur, à la villa de la Trinité-des-Monts, où se trouve aujourd'hui l'Académie de France, et le lendemain de son arrivée il se mit en campagne. Explications détaillées devant de nombreux auditeurs, argumentations vives et fortes par lesquelles il faisait toucher du doigt l'impuissance de ses contradicteurs, visites multipliées chez les plus grands personnages, petits écrits où il démontrait la vérité du système de Copernic, il m'épargna rien pour déterminer en sa faveur un de ces grands courans d'opinion auxquels les juges eux-mêmes ne peuvent résister.

Malheureusement pour Galilée le tribunal de l'inquisition ne subissait guère les influences extérieures ; il imposait des lois à l'opinion et n'en recevait point de conseils. Sans s'émouvoir des démarches de l'illustre astronome et de l'ardeur avec laquelle une partie de la société romaine épousait ses idées, les membres du saint-office poursuivaient silencieusement leur œuvre. En examinant les lettres sur les taches du soleil, ils y avaient découvert deux propositions condamnables ; le 24 février 1616, ils déclaraient à l'unanimité qu'on ne pouvait prétendre sans absurdité et sans hérésie que le soleil est immobile et que la terre tourne. Aussitôt le souverain pontife ordonna au cardinal Bellarmin de faire venir Galilée et de l'engager à ne plus soutenir une opinion condamnée par l'église. « S'il refuse d'obéir, disait la lettre pontificale, le père commissaire, en présence d'un notaire et de témoins, devra lui enjoindre de s'abstenir absolument d'enseigner cette doctrine et cette opinion, de la défendre ou même d'en parler ; s'il ne se soumet pas, il sera mis en prison. » En effet, le 26 février 1616, le cardinal Bellarmin, en présence du commissaire-général du saint-office et de deux témoins, invita Galilée à renoncer aux deux propositions condamnées. Après Bellarmin, le commissaire-général lui intima de nouveau, au nom du pape et de toute la congrégation du saint-office, l'ordre formel de ne plus soutenir, enseigner et défendre cette opinion, soit par écrit, soit de vive voix, ou de quelque manière que ce fût ; s'il y manquait, il serait poursuivi par le saint-office. Galilée promit d'obéir[2]. Le 5 mars suivant, la congrégation de l'Index condamnait jusqu'à correction l'ouvrage de Copernic.

Il résulte de ces faits authentiques qu'un certain nombre d'historiens modernes s'abusent ou nous abusent lorsqu'ils insinuent que le saint-office a entendu condamner, non le système de Copernic, mais les interprétations théologiques qu'en donnait Galilée. Il ne s'agit ici, en aucune façon, d'interprétations théologiques. Ni le livre de Copernic, ni les lettres sur les taches du soleil ne contiennent une phrase où les saintes Écritures soient interprétées. Si Galilée a quelquefois essayé dans sa correspondance, et par respect pour la religion, de concilier les données de la science et le texte de la Bible, il n'a jamais publié ces explications : ce n'était pas sur ces documens privés et manuscrits qu'on le jugeait ; la seule pièce à sa charge était un ouvrage imprimé, d'un caractère purement scientifique, absolument étranger à la théologie. On n'éludera par aucun argument la nécessité de reconnaître qu'un tribunal de théologiens s'est fait juge d'une question scientifique et l'a résolue par voie d'autorité. Le saint-office n'interdisait pas non plus d'accepter et d'enseigner la doctrine de Copernic parce que cette doctrine n'était pas encore démontrée, comme voudraient le faire croire quelques apologistes du saint-siège : il ne permettait pas qu'on la démontrât ; d'avance il la déclarait « absurde, hérétique, contraire au texte de l'Écriture. » Telle est la vérité tout entière sur le premier procès de Galilée ; M. Dominique Berti l'expose avec une grande vigueur de dialectique. Il faut dire, à l'honneur de la critique française, qu'une grande partie de ces argumens avait déjà été développée dans un consciencieux travail de M. Trouessart, dont M. Berti ne paraît point avoir eu connaissance[3].

II.

Une fois Galilée réduit au silence par l'acte de soumission auquel il venait de se résigner, le but de l'inquisition était atteint. Aucune rigueur inutile ne suivit la première procédure. Pourvu que le condamné ne parlât plus du mouvement de la terre, la cour de Rome ne demandait pas mieux que de ménager un grand esprit un instant fourvoyé, mais dont le génie et la gloire scientifique demeuraient intacts. À la suite du procès, Galilée resta à Rome trois mois encore et fut reçu avec bienveillance par le souverain pontife. Le bruit s'étant même répandu qu'il avait été puni par le saint-office, obligé de se rétracter et de faire pénitence, il obtint du cardinal Bellarmin l'attestation du contraire. On s'est borné, disait le cardinal, à lui interdire de défendre et de soutenir le système de Copernic. À quoi eût-il servi de faire déchoir Galilée du rang élevé qu'il occupait dans l'opinion du monde ? Il suffisait aux projets de ses juges de lui fermer la bouche.

On crut y avoir réussi, mais on avait compté sans le besoin impérieux de propager la vérité, qui est l'essence même du génie scientifique. Galilée ne pouvait ni arracher de son esprit une croyance appuyée sur la démonstration, ni renoncer à s'en servir pour s'élever à de nouvelles découvertes, ni s'abstenir d'en parler devant ceux qui le consultaient sur leurs travaux astronomiques ou qui s'intéressaient aux siens. Dans sa retraite de Beauregard, où il s'était plus que jamais renfermé depuis son retour de Rome, il recevait, comme autrefois, de nombreuses visites inspirées presque toutes par l'amour de la science. Il demeurait le chef reconnu, admiré, du mouvement scientifique en Italie. Comment ne se serait-il pas entretenu de la proposition capitale du mouvement de la terre avec les jeunes savans qui allaient lui demander des conseils et des leçons ? Un Italien distingué nous raconte qu'ayant passé quelques jours auprès de lui, après la conclusion de son premier procès, il entendit de sa bouche l'exposition du système de Copernic, fut converti à ses idées et y convertit lui-même Campanella, alors retenu dans les prisons de Naples.

La soumission de Galilée n'était donc qu'apparente ; on put lui reprocher plus tard avec raison de n'avoir pas tenu la promesse qu'il avait faite. Il évitait néanmoins de se compromettre publiquement, et dans son premier ouvrage, le *Saggiatore*, modèle de savante et spirituelle ironie, il ne hasarda presque rien qui fût relatif au système de Copernic. Bientôt du reste l'élection d'un nouveau pape lui fit concevoir l'espérance que la cour de Rome pourrait se relâcher de sa rigueur. Urbain VIII, de la maison Barberini, était Florentin, ami des lettres, favorable à l'académie des *Lincei* et disposé à une bienveillance particulière pour Galilée, à qui, étant cardinal, il avait adressé une pièce de vers pleine d'éloges. Galilée alla le voir à Rome, obtint de lui six longues audiences, un tableau, des médailles, des *Agnus Dei*, une pension pour son fils, et l'entretint sans doute du grand sujet qui occupait sa pensée. On ne peut faire que des conjectures sur ce que se dirent les deux amis ; les uns prétendent qu'Urbain VIII inclinait alors vers le système de Copernic, les autres qu'il démontra au contraire à Galilée l'impossibilité de soutenir la théorie du mouvement de la terre. La vérité est qu'on n'en sait rien. Ni le pape ni le savant ne s'expliquèrent sur la nature de leurs entretiens. Peut-être même, comme nous le verrons tout à l'heure, crurent-ils se mettre d'accord en restant profondément divisés.

Il semble en tout cas qu'à partir de l'avènement d'Urbain VIII au trône pontifical, Galilée se soit senti plus à l'aise pour aborder de nouveau, sous une forme détournée, le sujet défendu. Était-ce le résultat d'une confiance exagérée dans l'amitié du souverain pontife, d'une interprétation trop favorable de quelques paroles bienveillantes, ou de l'impossibilité de se taire lorsque Képler parlait hardiment hors d'Italie, lorsque sur la terre italienne on était constamment harcelé par des adversaires ignorans, et que, la main, pleine de vérités, on ne pouvait l'ouvrir pour les confondre ? Les *Dialogues sur les deux grands systèmes du monde*, qui allaient devenir pour Galilée une si grande source de chagrins, indiquent qu'il était partagé, en les composant, entre le désir ardent de parler et la crainte de se compromettre. Il insinue ses idées avec une finesse toute italienne plutôt qu'il ne les affirme avec décision. Il ne défend pas le système de Copernic, il l'expose ; il prend même la précaution d'annoncer dans une préface dont le canevas lui avait été envoyé de Rome, que le véritable but de son livre est de montrer qu'en Italie on ne condamne pas les idées sans les connaître, qu'en aucun pays du monde on n'en sait plus que les Italiens sur cette délicate matière. Il évite d'ailleurs soigneusement de conclure ; le personnage qu'il a chargé de représenter la doctrine de Ptolémée et de défendre la croyance à l'immobilité de la terre, quoique enveloppé dans les mailles de la dialectique la plus serrée, quoique poussé dans ses derniers retranchemens par la fine raillerie et par la logique abondante de ses interlocuteurs, leur répond sans être ébranlé : « Vos raisonnemens sont les plus ingénieux du monde, mais je ne les crois ni vrais ni concluans. » Le père Riccardi, maître du sacré-palais, chargé d'examiner le manuscrit de Galilée, se laissa prendre à demi à ces apparences innocentes et en permit l'impression, non sans résistance. Il protesta depuis qu'il avait été trompé par l'auteur, et qu'une partie des conditions auxquelles il avait subordonné l'*Imprimatur* n'était pas remplie. Il avait été convenu d'abord que les *Dialogues* seraient imprimés à Rome ; mais à force d'instances Galilée obtint de les imprimer à Florence, où l'impression devait lui coûter moins d'embarras et moins d'argent, où surtout il échappait plus facilement à la surveillance du sacré-palais. Il déploya, dans cette négociation, une fécondité de ressources et une énergie de volonté qui nous donnent la mesure de l'importance qu'il attachait à la publication de son œuvre. Son habileté consista surtout à éviter une seconde révision du texte, qui se serait faite à Rome si l'impression y avait eu lieu. Il aimait mieux avoir affaire à l'inquisiteur de Florence, auquel le père Riccardi délégua ses pouvoirs, mais qui, sollicité sans doute par le grand-duc de Toscane, les exerça avec moins de sévérité qu'on ne l'aurait fait au sacré-palais. On comprend la colère que témoigna la cour de Rome ; au fond, malgré toute sa finesse, elle avait été jouée par un Italien plus fin qu'elle, par un compatriote de Machiavel.

Galilée aurait-il poursuivi la publication de son œuvre avec la même insistance, s'il avait su à quels dangers il s'exposait en la publiant ? À peine le souverain pontife eutil reçu l'ouvrage au commencement d'août 1632, qu'il en témoigna tout de suite le plus vif déplaisir, qu'il reprocha à Galilée d'avoir répondu à des égards bienveillans par un mauvais procédé, et qu'il eût déféré sur-le-champ l'auteur et le livre au tribunal du saint-office, s'il n'avait été retenu par les supplications de l'ambassadeur Niccolini, et par la crainte de mécontenter le grand-duc de Toscane. Galilée n'a pas agi à la légère, disait Urbain VIII, il n'a pas péché par ignorance ; il savait à merveille quelles étaient les difficultés du sujet, je les lui avais moi-même fait toucher du doigt. Cette expression du mécontentement du souverain pontife fait supposer que, dans ces entretiens de Rome dont nous avons parlé, les deux amis avaient abordé la question délicate du mouvement de la terre, et que, par une illusion commune en pareille circonstance, ils avaient cru se convaincre mutuellement. Le pape en voulait à Galilée, comme s'il se fût longtemps abusé sur son compte et qu'il éprouvât à son égard l'amertume d'une déception ; ce sentiment, qui avait brisé tous les liens de l'ancienne amitié, explique l'âpreté avec laquelle Urbain VIII poursuivit l'ami de sa jeunesse. De son côté, Galilée ne s'était pas moins trompé sur les dispositions du souverain pontife ; il se flattait de trouver en lui un juge indulgent de ses théories astronomiques, au moment où il le blessait dans ses convictions les plus intimes. S'il l'avait su si opposé au système de Copernic, il n'aurait sans doute point bravé une colère toute-puissante, affronté un tribunal sans appel.

Dès que le pape avait reçu les *Dialogues*, il avait chargé une commission de les examiner et de lui en rendre compte ; aussitôt qu'il eut entre les mains le rapport qu'il avait demandé, il prescrivit à l'inquisiteur de Florence d'intimer à Galilée l'ordre formel de comparaître, au mois d'octobre, devant le commissaire-général du saint-office à Rome. Galilée, qui avait alors soixante-dix ans et qui souffrait d'une hernie, demanda qu'on eût pitié de son âge, de sa maladie, et qu'on le dispensât du voyage. Le grand-duc de Toscane intercéda en sa faveur. Urbain VIII ne voulu rien entendre ; craignant d'être trompé, comme il croyait l'avoir été déjà, il n'accorda aucun délai. Il ne s'en rapporta même pas au témoignage de trois médecins qui attestaient la réalité de la maladie de Galilée ; il envoya chez lui l'inquisiteur en personne, en ordonnant de l'arrêter et de le conduire enchaîné à Rome, si on le trouvait en état de supporter le voyage. Le pauvre Galilée s'était mis au lit, et, comme le disait un de ses amis, « il courait bien plus de risques d'aller dans l'autre monde que d'aller à Rome. » On ne put le transporter qu'au mois de janvier 1633. Les bons offices du grand-duc de Toscane le suivirent jusqu'auprès de ses juges, et l'amitié de Niccolini l'y attendait : faibles secours contre de si puissans adversaires ! On lui donna d'abord pour prison le palais de l'ambassadeur, d'où on lui enjoignit de ne pas s'éloigner ; il n'en sortait que pour aller subir les interrogatoires auxquels le soumit le saint-office.

C'est le 12 avril qu'il fut interrogé pour la première fois. On lui demanda, pour commencer, s'il se souvenait de ce qui s'était passé en 1616, lorsqu'il avait eu à comparaître devant le cardinal Bellarmin et le commissaire-général du saint-office. Galilée convint qu'il avait entendu déclarer, ce jour-là, que le système de Copernic ne pouvait se soutenir ni se défendre, comme étant contraire aux saintes Écritures. Il peut se faire, ajoutait-il, qu'on m'ait en même temps prescrit à moi-même de ne soutenir ni ne défendre cette opinion, mais je ne m'en souviens pas, c'est déjà si ancien… Quelque intérêt qu'inspire aujourd'hui une cause qui se confond avec celle de la liberté de l'esprit humain, il est difficile de croire, comme le fait M. Dominique Berti, que Galilée ait répondu à ce premier interrogatoire avec une entière bonne foi. Quand une défense a été faite dans des termes aussi formels que ceux que nous avons rapportés, sur un point aussi déterminé, on n'en oublie ni la forme ni le fond. Aucune équivoque n'était possible après l'avertissement du cardinal Bellarmin, encore moins après l'injonction solennelle du commissaire-général. M. Dominique Berti se méprend sur les conditions psychologiques du souvenir lorsqu'il croit que Galilée a dû se rappeler plus facilement les paroles conciliantes du cardinal Bellarmin que les ordres menaçans du commissaire-général. Ce qui frappe le plus au contraire dans de pareilles circonstances, ce qui se grave le plus profondément dans le souvenir, c'est la menace. Comment oublier des paroles si simples, si nettes, d'un caractère si comminatoire : « Il vous est défendu de soutenir cette opinion, de l'enseigner et de la défendre, soit par écrit, soit de vive voix ou de quelque manière que ce soit. Autrement, le saint-office informera contre vous. » Ces derniers mots surtout durent s'enfoncer comme une flèche dans la mémoire de Galilée pour n'en plus sortir. Il savait trop ce qu'il avait à craindre de l'inquisition pour oublier à quelles conditions elle consentait à ne plus s'occuper de lui. Le silence qu'il avait gardé en public pendant seize ans sur le sujet défendu, les précautions mêmes qu'il prenait dans les *Dialogues* pour donner à sa pensée un tour inoffensif, témoignaient au besoin de la fidélité de ses souvenirs.

En réalité, s'il avait repris la plume pour traiter une question interdite, ce n'est pas qu'il eût pu oublier la défense formelle qui lui en avait été faite. Il aurait pu répondre avec plus de franchise qu'on l'avait condamné autrefois à se taire, mais qu'on ne l'avait pas convaincu, et qu'après tant d'années de silence le besoin de proclamer la vérité avait été plus fort chez lui que la crainte de désobéir ; mais il ne convenait pas à un esprit aussi subtil, à un caractère aussi prudent que celui de Galilée, de s'engager ainsi par une déclaration catégorique et de se fermer toute porte de sortie. Il aimait mieux biaiser avec ses juges, plaider les circonstances atténuantes, laisser croire qu'il avait pu se tromper, mais non agir avec mauvaise intention en connaissance de cause. Au moment même où il subissait son premier interrogatoire, il espérait encore retrouver chez le souverain pontife quelques restes d'amitié ou tout au moins de bienveillance ; raison de plus pour qu'il répondît d'une manière évasive et ne se compromît point par un aveu explicite de ses torts. Il semble avoir cru, dans cette première séance, qu'il lui serait possible d'obtenir un entretien secret du saint-père ; interrogé sur ce que lui avait dit le cardinal Bellarmin en 1616, il répondait qu'il y avait des détails de leur conversation qu'il ne pouvait confier qu'aux oreilles du souverain pontife. C'était demander clairement une entrevue avec Urbain VIII ; ses juges parurent ne pas le comprendre ou, s'ils reportèrent l'expression de son désir aux pieds du saint-père, ils n'obtinrent de celui-ci aucune réponse favorable. La suite du procès devait prouver du reste que Galilée n'avait à attendre de son ancien ami ni indulgence ni pitié.

Toutes les réponses de Galilée à son premier interrogatoire offrent le même caractère d'ambiguïté. On lui demande si, avant de solliciter du père Riccardi l'autorisation d'imprimer ses *Dialogues*, il a prévenu le maître du sacré-palais de la défense qui lui avait été faite autrefois de traiter certains sujets. Il répond qu'il n'en a point parlé au père Riccardi, « parce qu'il ne croyait pas nécessaire de le lui dire, n'ayant aucun scrupule, n'ayant dans son livre ni soutenu, ni défendu l'opinion de la mobilité de la terre et de la stabilité du soleil. » Il n'est pas bien sûr qu'en altérant ainsi la vérité Galilée ait choisi le meilleur moyen de défense ; un peu plus de franchise l'eût peut-être mieux servi. C'était se moquer de ses juges et les supposer trop naïfs que d'essayer de leur faire croire que dans ses *Dialogues sur les deux grands systèmes du monde* il avait voulu montrer « la faiblesse et l'insuffisance » des raisonnemens de Copernic. Les déguisemens dont l'auteur enveloppe sa pensée ne peuvent tromper un lecteur sérieux. Dans tout le cours de l'ouvrage, le défenseur de la théorie de Ptolémée, Simplicio, chez lequel on a cru reconnaître à tort quelques traits d'Urbain VIII, est accablé par les argumens de ses adversaires et ridiculisé par leur ironie, N'était-il pas bien imprudent de la part de Galilée de nier l'évidence et de se donner ainsi tout de suite l'apparence de la duplicité ?

Personne du reste ne fut dupe de ce système de défense. Les trois juges qui l'avaient interrogé déclarèrent à l'unanimité que par son livre il avait contrevenu aux injonctions du cardinal Bellarmin et au décret de la congrégation de l'Index. Deux d'entre eux ajoutaient qu'il était véhémentement soupçonné d'adhérer à la doctrine de Copernic. À la suite de son premier interrogatoire, il avait été transféré dans le palais même du saint-office, où il occupait une chambre du dortoir des gardiens avec défense expresse d'en sortir sans autorisation. Là il eut de longs et fréquens entretiens avec le père Vincent Macolano, commissaire du saint-office, homme instruit, d'un caractère humain, lié d'ailleurs avec le grand-duc et l'ambassadeur de Toscane, qui prit sur lui d'avertir Galilée du danger de la situation et de l'aider de ses conseils. Il l'engagea avant tout à une soumission absolue, à l'aveu de ses torts et au repentir. « Je lui ai fait toucher du doigt son erreur, écrivait le père-commissaire à la suite d'un de leurs entretiens ; il a reconnu clairement qu'il s'était trompé, que dans son livre il avait été trop loin, et il m'a exprimé son regret avec des paroles pleines de sentiment, comme s'il se trouvait tout à fait consolé par la connaissance de son erreur et se disposait à la confesser judiciairement ; il m'a seulement demandé un peu de temps pour réfléchir aux moyens de donner à sa confession un tour honnête. » Le père Vincent Macolano espérait alors un dénouement prochain et un jugement peu rigoureux. Une fois que nous aurons la confession de Galilée, disait-il, la réputation du tribunal sera sauvée ; on pourra user d'indulgence envers l'accusé. Il s'attendait évidemment à ne pas dépasser la première partie de la procédure de l'inquisition et à clore le procès par une forme particulière d'interrogatoire qu'on appelait l'interrogatoire sur l'intention.

Si les choses furent poussées plus loin que ne le souhaitait et ne le pensait le commissaire du saint-office, la faute n'en est point à l'accusé, qui, une fois averti, adopta tout de suite le parti de la soumission. Interrogé de nouveau le 30 avril, Galilée confessa que, sans le vouloir, il avait présenté avec trop de force les argumens favorables au système de Copernic, tout en ayant d'intention de le réfuter, et qu'il avait pu induire ainsi le public en erreur. Il se déclarait « prêt à réfuter l'opinion de Copernic par tous les moyens les plus efficaces que Dieu mettrait en son pouvoir. » Ces paroles, que lui avait sans doute dictées l'humanité du père-commissaire, eurent pour résultat de lui faire obtenir un commencement de liberté. Le soir même, on le renvoyait au palais de l'ambassadeur de Toscane, afin qu'il pût y recevoir des soins que réclamait sa santé.

N'oublions pas, en effet, qu'à l'humiliation de répudier ses opinions les plus chères, de mentir à sa pensée, de se voir traité en criminel après avoir honoré son pays et l'esprit humain par ses travaux, se joignaient pour lui des plus cruelles souffrances physiques. On ne lira pas sans émotion l'appel qu'il adressait à ses juges à la fin de sa défense écrite. « Il me reste à faire valoir une dernière considération : c'est l'état de misérable indisposition corporelle auquel m'a réduit une perpétuelle angoisse d'esprit, pendant dix mois continus, avec les incommodités d'un voyage long et pénible, dans la plus horrible des saisons, à l'âge de soixante-dix ans... J'ai foi dans la clémence et la bonté des éminentissimes seigneurs qui sont mes juges ; j'espère que si, dans l'intégrité de leur justice, ils estiment qu'il manque quelque chose à de si grandes souffrances pour égaler le châtiment que méritent mes fautes, ils voudront bien, à ma prière, en faire grâce au déclin d'une vieillesse que je leur recommande, elle aussi, humblement. »

Parmi les documens inédits que publie M. Dominique Berti figure une pièce d'une importance capitale. C'est le résumé du procès contenant l'énumération non-seulement de ce qui a été décrété, mais de ce qui a été fait. Après avoir lu un texte si clair, qui prête si peu à l'équivoque, sauf en un point, qui s'accorde d'ailleurs parfaitement avec d'autres documens authentiques, il n'est plus permis de supposer, comme on le faisait charitablement, comme l'admettait M. Trouessart lui-même, que les derniers actes du procès aient été une pure formalité, que Galilée n'ait été menacé de la torture et condamné à l'abjuration que sur le papier. Un décret du pape, daté du 16 juin, ordonne, qu'au lieu de s'en tenir à un simple examen sur l'intention, comme l'avait espéré le commissaire du saint-office, on procède à un interrogatoire avec menace de la torture, si l'accusé peut la supporter[4] ; on exige de lui l'abjuration et on le condamne à être emprisonné suivant le bon plaisir de la congrégation. Ce décret ne fut point, comme on l'a cru, une simple démonstration destinée à maintenir aux yeux du public la réputation de sévérité du tribunal en ménageant le coupable ; il fut exécuté à la lettre, comme l'atteste la concordance des documens relatifs à cette partie du procès.

Interrogé une dernière fois, le 21 juin, Galilée fut sommé d'avouer s'il soutenait ou s'il avait jamais soutenu l'opinion que le soleil est le centre du monde et que la terre se meut. Il répondit humblement que depuis l'arrêt de la congrégation de l'Index en 1616, il avait toujours tenu et tenait encore pour « très vraie et indubitable » l'opinion de Ptolémée. Cette réponse n'ayant point paru suffisante, le père-commissaire insista pour savoir la vérité et finit par déclarer que, si on ne l'obtenait pas tout entière, on en arriverait à la torture. « Je suis ici pour obéir, » répondit Galilée avec une sorte de terreur. Le texte de la sentence porte qu'on procéda contre lui plus rigoureusement encore. « Comme il nous semblait que tu n'avais pas dit la vérité tout entière au sujet de ton intention, nous avons jugé nécessaire d'en venir à l'*examen rigoureux*. » Dans la langue de l'inquisition, l'*examen rigoureux* signifie purement et simplement la torture ; c'est le terme légal recommandé par les juristes, employé régulièrement dans les sentences qui condamnent l'accusé à la cruelle épreuve de la corde. « Quand l'accusé, disent les traités de droit inquisitorial, ne se sera pas justifié des charges qui résultent contre lui du procès, il est nécessaire d'en venir contre lui à l'*examen rigoureux*, la torture ayant été inventée pour suppléer au défaut des témoignages. » Dans deux manuscrits de la première moitié du XVIIe siècle, tous deux relatifs aux procédures du saint-office, les deux mots *examen rigoureux* sont indiqués comme la formule dont il convient que les juges se servent pour prescrire l'application de la torture.

On pourrait conclure du texte de la sentence, du décret pontifical que nous avons cité et du résumé des actes du procès, que Galilée a été réellement soumis à la torture, si l'on retrouvait parmi les documens le procès-verbal de l'*examen rigoureux*, comme on retrouve les procès-verbaux des examens antérieurs. La règle de l'inquisition était constante : le notaire ou greffier du saint-office assistait à tous les interrogatoires et reproduisait minutieusement les paroles du patient ; tous les détails de l'*examen rigoureux* étaient consignés sur un registre, depuis le moment où l'on signifiait à l'accusé qu'il allait être conduit au lieu du supplice jusqu'à celui où on le détachait de la corde. Si l'on ouvre les procès-verbaux de ces terribles séances, on y lit toutes les paroles que prononce le patient, pendant qu'on le déshabille et qu'on l'attache, toutes les réponses qu'il adresse à ses juges, tous ses raisonnemens ; on y trouve notés avec une froide précision tous les mouvemens qu'il fait, et jusqu'aux soupirs, jusqu'aux cris de douleur qu'il pousse, pendant qu'on le torture. « Il a été élevé sur la corde, écrit tranquillement le greffier, et pendant qu'il était suspendu, il s'est mis à crier à haute voix : Ô Seigneur Dieu, miséricorde ! Ô Notre-Dame, viens à mon aide, à plusieurs reprises, en se répétant ; puis il s'est tu et, après avoir ainsi gardé le silence un instant, il s'est mis à crier de nouveau : Ô Dieu ! ô Dieu ! »

Si Galilée avait été soumis à cette épreuve, le procès-verbal en serait certainement conservé parmi les pièces du procès. Il paraît également inadmissible que l'*examen rigoureux* ait eu lieu en l'absence du greffier, ou que le greffier, s'il y assistait, n'en ait point fait mention sur son registre. C'eût été absolument contraire à tous les précédens et à toutes les règles. On ne supposera pas non plus que l'agent du saint-office ait supprimé le procès-verbal de la torture pour se soustraire, lui et ses chefs, à l'indignation de la postérité. Ce serait transformer gratuitement un personnage obscur et irresponsable en un philosophe humanitaire qui devance le jugement des siècles et déchire à dessein une page douloureuse de l'histoire. Voici, suivant toute vraisemblance, ce qui dut se passer : d'après tous les traités de droit inquisitorial, le commissaire était autorisé à n'infliger la torture ni aux vieillards, ni aux malades qui eussent couru le danger de perdre la vie pendant le supplice.

Le grand âge de Galilée, ses infirmités aggravées encore par tant d'angoisses morales, le plaçaient naturellement dans la catégorie des accusés qui échappaient à la torture. Si cette redoutable épreuve lui a été épargnée, M. Dominique Berti en attribue tout le mérite à l'humanité du commissaire ; il semble même supposer que, sans l'intervention bienveillante du père Vincent Macolano, le souverain pontife et la congrégation du saint-office auraient livré au bourreau les membres de Galilée.

Soyons plus justes ! Ce serait calomnier Urbain VIII que de le représenter comme ayant soif du sang et des douleurs de son ancien ami. Le décret pontifical du 16 juin contient, au sujet de la torture, cette réserve importante, qu'elle ne sera appliquée que si l'accusé peut la supporter. En s'exprimant en ces termes, le souverain pontife savait à merveille que Galilée serait hors d'état de subir une telle épreuve, et d'avance, sans avoir besoin de l'intervention du commissaire, il entendait que la torture ne fût pas appliquée. À quoi eût servi d'ailleurs un tel excès de rigueur ? Urbain VIII ne voulait pas la mort du coupable ; il voulait s'assurer que Galilée ne parlerait plus, n'écrirait plus sur la question du mouvement de la terre, et c'est pour le frapper d'une terreur qui garantirait son silence, que, de toutes les angoisses du procès, il ne lui épargna que la dernière, la seule qui fût inutile. Il ne se montra pas aussi cruel que l'imagine M. Dominique Berti ; mais il ne témoigna mon plus pour l'accusé ni la compassion, ni l'indulgence qu'on lui attribue trop souvent. Il importe de le répéter, parce que c'est là le résultat le plus clair de la publication de M. Dominique Berti : les différentes phases du procès de Galilée ne furent point distribuées pour les besoins de la mise en scène, comme une décoration de théâtre destinée à produire au dehors, en effrayant les partisans de la doctrine de Copernic, l'impression d'une grande sévérité, tandis que, dans la coulisse, le coupable serait ménagé et traité avec douceur. La menace de la torture, l'abjuration, la séquestration, furent des réalités et non, comme on l'a cru, de simples avertissemens à l'adresse des savans trop hardis. La cour de Rome s'occupa d'abord moins de frapper l'imagination du public que d'atteindre Galilée lui-même. C'était cet esprit rebelle qu'on avait ménagé une première fois en employant à son égard des moyens les plus doux, mais qui avait répondu à l'indulgence du saint-office par l'ironie transparente de ses *Dialogues*, qui avait tendu un piège à la personne chargée d'examiner son manuscrit, qui, dans son premier interrogatoire, s'était moqué de ses juges, peut-être même du souverain pontife, qu'il s'agissait maintenant de réduire au silence pour toujours en le conduisant, par une série d'angoisses morales, jusqu'aux dernières limites de la terreur.

La solennité de son abjuration devait en même temps lui fermer tout retour vers la doctrine de Copernic. Comment aurait-il pu y revenir après l'avoir déclarée publiquement hérétique, après avoir même promis, comme on l'y obligea, qu'il dénoncerait les personnes suspectes de cette hérésie ? Et cependant ses juges n'étaient pas encore rassurés ; on le redoutait même après son abjuration. Il fut séquestré d'abord à Sienne, dans le palais de l'archevêque Piccolomini, puis à sa villa d'Arcetri, près de Florence, avec la permission, d'y recevoir quelques visites isolées de parens et d'amis, mais à la condition que plusieurs personnes ne s'y réuniraient pas pour s'y entretenir. On redoutait surtout qu'il ne communiquât avec les savans étrangers et italiens. Le père Castelli, son ancien disciple, demandait en vain l'autorisation d'aller le voir, même en promettant de ne pas lui parler du mouvement de la terre. Afin de préserver du reste les pays catholiques de la contagion de ses idées, le pape fit envoyer à tous les nonces apostoliques, ainsi qu'à tous les inquisiteurs, des exemplaires de la sentence qui le condamnait et de l'acte d'abjuration. À Florence, les principaux disciples et amis de Galilée, particulièrement les professeurs de mathématiques, furent convoqués nominativement pour entendre la lecture de ces deux pièces.

Le jour où l'on fermait la bouche à un écrivain si habile, si fécond en ressources, si admiré du public, on espérait en finir du même coup avec la doctrine de Copernic, cette dangereuse doctrine qui épouvantait les théologiens en déplaçant le centre de l'univers, en dépossédant la terre de sa primauté pour y substituer le soleil, en ouvrant la voie à de redoutables hypothèses sur la pluralité des mondes et sur la fin de la création. Vains efforts ! la théorie du mouvement de la terre a survécu à toutes les condamnations. Ce n'est pas Galilée qui a prononcé, comme le veut la tradition, la célèbre parole : *eppur si move,* c'est la voix anonyme du genre humain qui, après sa mort, proclamait ainsi l'immortelle vérité de sa croyance.

Nous nous arrêterons ici ; nous ne voulons affaiblir par aucun commentaire l'importance des documens que nous venons d'analyser. Il reste acquis à l'histoire qu'au commencement du XVIIe siècle les congrégations romaines, ayant la prétention de représenter l'église et non désavouées par elle, se sont instituées juges d'une question scientifique et l'ont résolue contrairement aux conclusions de la science. L'éclat du génie de Galilée et la pitié qu'inspirent ses souffrances impriment à ce débat un caractère tragique et populaire ; mais que l'émotion causée par le spectacle d'une grande infortune ne nous dissimule pas la gravité du problème ! Au fond, il s'agissait de savoir si, dans les pays catholiques et destinés à demeurer tels, la science réussirait à se dégager de la domination de la foi. Le procès de Galilée, bien loin de retarder cette conclusion, comme on le croit généralement, la rendit au contraire inévitable et prochaine. Dès que la cour de Rome eut compris l'imprudence qu'elle avait commise en tranchant une question qui n'était pas de sa compétence, en s'exposant au danger d'être convaincue d'erreur le lendemain, elle fut intéressée autant que la science à séparer nettement les deux domaines distincts de la science et de la foi. Si elle évite maintenant de s'engager dans les controverses scientifiques, c'est qu'elle est avertie par un grand exemple qu'elle pourrait se compromettre en se prononçant. Son autorité résisterait difficilement à une seconde édition du jugement par lequel elle a défendu un jour au soleil de rester immobile, à la terre de tourner.

A. MÉZIÈRES.

1. ↑ Voyez, dans la *Revue* du 15 juillet 1841 et du 1er novembre 1864, les études de M. Libri et de M. Bertrand.
2. ↑ Dans un ouvrage intitulé *Galileo Galilei und die römische Curie* (Stuttgart 1876), M. de Gebler a contesté l'authenticité du document qui rapporte ces faits. M. Dominique Berti lui répond victorieusement.
3. ↑ *Galilée, sa mission scientifique, sa vie et son procès,* Poitiers 1865. — Voyez aussi le *Galilée* de M. Th. Henri Martin (Paris 1868), œuvre solide et impartiale que M. Dominique Berti connaît, mais dont il ne paraît pas tenir assez de compte.
4. ↑ Nous interprétons trois mots assez obscurs du décret pontifical, *ac si sustinuerit,* dans le sens que leur attribue M. Dominique Berti, en les confrontant avec la traduction italienne du même passage, publiée par lui pour la première fois. M. Th. Henri Martin les traduit autrement, non sans avoir de bonnes raisons à faire valoir. Il y a ici matière à discussion. C'est un point qui reste obscur, même après la publication du tous les documens du procès.